云南名特药材种植技术丛书

川贝母

《云南名特药材种植技术丛书》编委会 编

U0311110

云南科技出版社

·昆明·

图书在版编目（CIP）数据

川贝母 /《云南名特药材种植技术丛书》编委会编
. -- 昆明：云南科技出版社, 2023.11
（云南名特药材种植技术丛书）
ISBN 978-7-5587-5276-6

Ⅰ. ①川… Ⅱ. ①云… Ⅲ. ①川贝母—栽培技术
Ⅳ. ①S567.23

中国国家版本馆CIP数据核字(2023)第215378号

云南名特药材种植技术丛书——川贝母
YUNNAN MING-TEYAOCAI ZHONGZHI JISHU CONGSHU——CHUANBEIMU
《云南名特药材种植技术丛书》编委会　编

责任编辑：洪丽春
　　　　　曾　芫
　　　　　张　朝
助理编辑：龚萌萌
封面设计：余仲勋
责任校对：秦永红
责任印制：蒋丽芬

书　　　号：ISBN 978-7-5587-5276-6
印　　　刷：云南灵彩印务包装有限公司
开　　　本：850mm×1168mm　1/32
印　　　张：1.875
字　　　数：47千字
版　　　次：2023年11月第1版
印　　　次：2023年11月第1次印刷
定　　　价：18.00元

出版发行：云南科技出版社
地　　址：昆明市环城西路609号
电　　话：0871-64114090

前　言

　　川贝母有着悠久的药用历史，它疗效神奇、资源稀缺、市场价格高昂，是滇西北高海拔地区的有识之士一直追随发展的品种。

　　云南是历史上优质川贝母的传统产区，在过去多年的川贝母繁育种植生产中，以采集驯化的川贝母、暗紫贝母为主。由于川贝母（卷叶贝母）独特的生物学特性，极为苛刻的生长条件（3000m以上的海拔、凉爽温和湿润的环境），加之一年一度短暂的生长繁育周期，能够成功进行规范化、规模化繁育种植川贝母的人士很少，这让滇藏川高原上具备独特生物学特性的川贝母（卷叶贝母）等品种资源蒙上了神秘面纱。

　　经过多年的努力，川贝母的神秘生长繁育史逐渐被人们揭开，种植生产技术日趋成熟，现已到推广实施优质川贝母（卷叶贝母）规范化种植的最佳时期。特在《云南名特药材种植技术丛书》书系中，增加《云南名特药材种植技术丛书——川贝母》分册，在本分册的编撰过程中，得到了云南省生物多样性基金会的资助，本书的出版将为高海拔地区群众巩固脱贫攻坚成果提供致富增收途径，助力边疆乡村振兴。

编　者

二〇二三年八月十七日

目录

第一章 概　述

一、历史沿革

《中华人民共和国药典》（2020年版）规定，川贝母是百合科川贝母属植物暗紫贝母（*Fritillaria unibracteata* Hsiao. et. K. C. Hsia）、川贝母（卷叶贝母）（*Fritillaria cirrhosa* D. Don）、梭砂贝母（*Fritillaria delavayi* Franch.）、甘肃贝母（*Fritillaria przewalskii.* Maxim.）、太白贝母（*Fritillaria taipaiensis* P. Y. Li）、瓦布贝母［*Fritillaria unibracteata* Hsiao et K.C. Hsia var.

图1　川贝母商品图

wabuensis.（S. Y.Tang. S.C. Tang et S.C. Yue）Z. D. Liu, Shu Wang et S.C.Chen〕的干燥鳞茎。

性味归经：川贝母苦、甘，微寒。归肺、心经。具有润肺止咳、化痰平喘、清热化痰的功效，用于热证咳嗽，如风热咳嗽、燥热咳嗽、肺火咳嗽，川贝母还有镇咳、祛痰、降压和一定的抗菌作用。可用于治疗痰热咳喘、咳痰黄稠之证；又兼甘味，故善润肺止咳，治疗肺有燥热之咳嗽、痰少而黏之证及阴虚燥咳劳嗽等证；还具有散结开郁之功，可治疗痰热互结所致的胸闷心烦之证及瘰疬痰核等病，是中医配方饮片常用中药和中成药的重要原料。

川贝母始载于秦汉时期的《神农本草经》，被列为中品，味辛、平。主伤寒烦热、淋沥、邪气、疝瘕、喉痹、乳难、金创、风痉。一名空草。

南朝陶弘景曰，形如聚贝子，故名贝母。

唐代苏敬等《新修本草》曰，其叶似大蒜，四月蒜熟时采之良。若十月苗枯，根亦不佳也。出润州、荆州、襄州者最佳。江南诸州亦有。

宋代苏颂《本草图经》曰，贝母，今河中、江陵府、郢、寿、随、郑、莱、润、滁州皆有之。根有瓣子，黄白色；二月生苗，茎细青色；叶亦青，似荞麦叶，随苗出。

明代倪朱谟撰写于1624年的《本草汇言》云，贝母，开郁、下气、化痰之药也。润肺消痰，止咳定喘，则虚劳火结之证，贝母专司首剂。若解痈毒，破癥结，

消实痰，敷恶疮，又以土者为佳。然川者味淡性优，土者味苦性劣，二者以分别用。浙江产的贝母称"土者"，四川产的称"川者"。

明代兰茂编著的《滇南本草》对贝母功用进行了详细描述，贝母有独颗团不作两片无皱者，号曰丹龙精，不入用。若误服，令人筋脉永不收。用黄精、小蓝汁合服立愈。贝母是适用于外感风热咳嗽、肺虚久咳、痰少咽燥等症的良药。历代本草对贝母无种的分类和功能区分记载，至清代才明确有川贝之名，与其他贝母分开。

清代赵学敏编著的《本草纲目拾遗》将川贝与浙贝明确分开：出川者曰川贝，象山者名象贝，绝大者名土贝。谓川贝味甘而补，内伤久咳以川贝为宜。《本草纲目拾遗》引《百草镜》云，忆庚子春有友自川中归，馈予贝母，大如钱，皮细白而带黄斑，味甘，云此种出龙安（今四川平武县），乃川贝中第一，不可多得。按其描述，当是炉贝中具虎皮斑纹之虎皮贝，其原植物主要是梭砂贝母。

又如，清代吴仪洛所著《本草从新》载，川产开瓣，圆正底平者良；浙江产形大，亦能化痰，散结，解毒。

清代张璐所著《本经逢原》，贝母，川者味甘最佳，西者味薄次之，象山者微苦又次之。此处"西者"据考证极有可能为新疆产贝母（伊贝母），象山贝母为浙江产之浙贝。

清代吴其濬所著《植物名实图考》载，今川中图者，一

叶一茎，叶颇似荞麦叶。大理府点苍山生者，叶微似韭，而开蓝花，正类马兰花，其根则无甚民异，果同性耶。

综上，川贝母原名贝母，包括了现代使用的华东一带产的浙贝、湖北产的平贝、青藏高原与甘肃（东部）所产的多种贝母，直至明末清初始见有"川贝"的论述。以四川的康定、松潘一带和云南的丽江、迪庆一带所产者统称川贝母（包括了卷叶贝母、暗紫贝母、甘肃贝母、梭砂贝母等品种）为优质道地药材，也是历版《中华人民共和国药典》收载品种。现在各地选择种植繁育的川贝母以前三种为重要种源，通过多年的科学培育和管护，积累了丰富的经验，掌握了卷叶贝母、暗紫贝母、甘肃贝母的生物学特性与病虫害防治手段。目前，在川贝母种植繁育方面，有些企业已初具规模，有望取得较好的社会效益和经济效益。

二、资源情况

川贝母分布区域为我国青藏高原的四川西南部、青海南部、西藏东南部、云南西北部、甘肃南部。川贝母生长于海拔2900～4900m的草地、河滩、山谷、林中灌丛等湿地。《中华人民共和国药典》（1953年版）并未收录贝母，直到《中华人民共和国药典》（1963年版）才首次记载了川贝母和浙贝母两个药材品种，并将川贝母的基原植物定为罗氏贝母（*Fritillasia roylei* Hook.）或卷叶贝母（*Fritillaria cirrhosa* D. Don）。

图2　卷叶贝母

图3　暗紫贝母

图4　甘肃贝母

图5　太白贝母

图6　瓦布贝母

图7　梭砂贝母

而《中华人民共和国药典》（1927年版）则将川贝母（卷叶贝母）、暗紫贝母、甘肃贝母和梭砂贝母认定为川贝母的基原植物种。1985—2005年版的《中华人民共和国药典》对川贝母基原植物的记载一致，都是这四种基原植物种。直至《中华人民共和国药典》（2010年版）又增加太白贝母和瓦布贝母作为川贝母的基原植物，以后的各版《中华人民共和国药典》继续沿用了此六种基原种至今。

川贝母（卷叶贝母）、暗紫贝母、甘肃贝母等采收加工的贝母商品为松贝、青贝两种规格；其他原种多加工成川贝母统货。梭砂贝母生长于海拔3800～4700m流沙滩上的岩石缝隙中，采收加工后的商品称为炉贝，与松贝、青贝一起，统称为川贝母。2010年后，历版《中华人民共和国药典》增加了太白贝母、瓦布贝母两个品种，加工后商品按性状不同分别习称"松贝""青

图8　川贝母商品（青贝）

图9　川贝母商品（松贝）

贝""炉贝"和"栽培品"。

由此可见，历版《中华人民共和国药典》对川贝母法定基原植物的认定一直处于改进和完善中，这主要是因为药用资源状况的变化以及对变种和新变种研究的不断深入。原《中华人民共和国药典》收载的基原种难以满足中医药用药需求，从而逐渐将新的替代（或补充）品种纳入川贝母家族中。

三、分布情况

中国西部幅员辽阔，地形复杂，气候多样，适宜各类植物生长繁衍。云南地域环境就像祖国大地的微缩版，各种气候环境都能在这里找到。川贝母生长于滇西北高海拔温带的高山湿地、高原地带的针阔叶混交林、针叶林、高山灌丛中。适宜土壤为山地棕壤、暗棕壤和高山草甸土等。

图10　川贝母种植生长环境

多种贝母的分布情况分述如下：

川贝母（卷叶贝母）：野生于海拔3500～4500m的高寒地区、土壤比较湿润的向阳山坡，分布于四川西部及西南部、云南西北部、西藏南部及东部。主产于四川康定、雅江、九龙、丹巴、稻城、得荣、乡城、小金、金川；西藏芒康、贡觉、江大、察雅、左克、察隅；云南德钦、贡山、中甸、宁蒗、丽江、维西、福贡、碧江。

暗紫贝母：野生于海拔3200～4500m的阳光充足、腐殖质丰富、土壤疏松的草原上。分布于四川西部、青海南部及甘肃南部。主产于四川红原、若尔盖、松潘、南坪、茂县、汶川、黑水、理县、平武、马尔康等地区；青海班玛、久治、达日、甘达、玛沁、玛多、同仁、同德等地区。

甘肃贝母：野生于海拔2800～4400m的高寒山地之灌丛或草地间。分布于四川西部、青海东部及南部、甘肃南部。主产于四川康定、雅江、九龙、丹巴、巴塘、小金、金川、马尔康、汶川、茂文、理县、黑水、南坪；甘肃陇南、岷县、洋县、甘谷、文县、武都；青海班玛、久治、达日、甘德、玛沁、同德等地区。

梭砂贝母：野生于海拔4400～4600m的高寒地带流石滩之岩石缝隙中。分布于四川西部、云南西北部、青海南部、西藏东南部。主产于四川石渠、德格、甘孜、色达、白玉、新龙、阿坝等地区；西藏芒康、贡觉、江达、左贡、察雅等地区；青海玉树、称多、杂多、治多等地区；云南德钦、贡山、福贡、碧江、丽江等地区。

图11　川贝母花期-1
（卷叶贝母品系2）

图12　川贝母花期-2
（卷叶贝母品系2）

图13　川贝母花期-3（卷叶贝母品系1）

图14　川贝母花期-4　　　　图15　川贝母花期-5
（卷叶贝母品系1）　　　　（卷叶贝母品系1）

太白贝母：野生于海拔1800～3000m的高山草地、草灌结合、灌木、乔灌结合的山坡。分布于陕西秦岭太白山及甘肃东南部、湖北西北部和四川大巴山区城口、巫溪、开县、巫山等地。区域伴生植物主要有禾本科野青茅、羊茅，另外，常见零星分布的蕨类植物有小猫蕨和多年生小灌木满山爬。在以灌木为主的区域主要伴生植物为多年生杂灌，有时可见黄精、重楼等药用植物。因原始植被破坏严重，太白贝母的生长环境也遭到破坏，个别区域野生太白贝母资源已濒临灭绝。

瓦布贝母：野生于海拔2600～4500m的山坡草丛或阴湿的小灌丛中。主产于四川省阿坝州、北川、黑水、茂县、松潘、甘孜州，以及相邻的青海、甘肃、西藏交界地区。在以灌木为主的区域，主要伴生植物为多年生

杂灌，有时可见黄精、重楼、羌活、岩白菜、岩陀等药用植物。

四、发展情况

　　川贝母是中药产业的重要、稀缺原料药材。川贝母商品主要来源于野生资源。中华人民共和国成立后，川贝母被列为国家计划管理品种，由中国药材公司统一管理。1985年改为国家指导性计划品种以后，则由市场调节产销。川贝母是止咳化痰的良药，中医处方用量相当大，市场供应一直比较紧缺，属于不能满足需求的品种。以川贝母为原料生产的中成药达100种以上，尤其中成药川贝枇杷露、川贝止咳糖浆、蛇胆川贝液等川贝母制剂，服用方便，比较受欢迎。川贝母也是重要的出口商品，创汇率较高。随着医药卫生事业的发展，川贝母药材用量必将进一步增加。为了适应医疗和市场需要，在利用野生资源的同时，很多区域也进行了野生变家种的研究，但尚未形成大规模生产。多年的研究已初步奠定了川贝母繁育种植的生产基础，一部分人掌握了其生物学特性和一定的栽培技术，开始有批量商品供应市场，未来市场的开发前景比较好。

　　20世纪50年代中期，由于川贝母野生资源较多，收购增长较快，这个时期供大于求。20世纪60年代初期，受三年自然灾害的影响，收购与销售均有所下降。20世纪60年代中期，随着农副业生产的恢复及发展，川贝母

的购、销迅速增长，达到历史最高水平（年产30多万kg、年销30万kg）。20世纪70年代至80年代，资源紧缺的问题开始显现，收购与销售均有较大幅度下降。据第三次全国中药资源普查统计，川贝母野生蕴藏量约100万kg。川贝母多分布在人口稀少、交通不便的边远山区，野生资源过度采挖，资源迅速减少。国家针对野生药材资源合理开发利用问题，先后颁布实施了《中华人民共和国森林法》《中华人民共和国草原法》《野生药材资源保护管理条例》《珍稀濒危植物名录》等法规政策，加强了对野生珍稀濒危药用植物资源的护育。由于云南、四川、青海、甘肃、西藏等川贝母适宜种植发展区域气候寒凉又远离城镇，长期生活、居住困难，种植难度较大，繁育成本较高，种植生产周期长、规模小，发展缓

图16　川贝母商品

慢，难以满足中医药事业发展需求。故要大力发展家种川贝母的生产，做好技术推广和指导工作，尽快形成商品生产能力，增加商品供应量，以适应医疗市场需求。

目前，川贝母年需使用量超过几百吨，且需求量不断增加。野生川贝母越来越少，资源已接近枯竭。加之川贝母生长繁殖多在自然环境较为恶劣的高海拔地区，人工种植难度大，繁殖系数低，产量也极低，生产周期长，尚没有大面积种植成功范例。开发和培育出川贝母种植繁育速度快、遗传稳定、商品品质优良、产量高、质量稳定、有效成分含量高的川贝母品系，解决川贝母供需矛盾将直接关系到医药产业中多个中药品牌的生存与发展。进行川贝母快速育苗、快速繁殖研究和示范基地建设具有重大的现实意义和必要性。

第二章　分类与形态特征

一、植物形态特征

现将《中华人民共和国药典》收载品种，按其资源分布情况分别介绍。

1. 川贝母（卷叶贝母）

多年生草本，植物形态变化较大。鳞茎卵圆形。叶通常对生，叶片线形或线状披针形，顶部多轮生。下部叶顶部不卷曲或稍卷曲，在中部兼有互生或轮生，上部叶顶多卷曲或缠绕。花单生茎顶，紫红色，有浅绿色的小方格斑纹，方格斑纹的多少也有很大变化，有的花的色泽可以从紫色逐渐过渡到淡黄绿色，具紫色斑纹；叶状苞片3，先端稍卷曲；花被片6，长3~4cm，外轮3片，宽1~1.4cm，内轮3片，宽可达1.8cm，蜜腺窝在背面明显凸出；柱头裂片长3~5mm。蒴果棱上具宽1~1.5mm的窄翅。花期5~6月，果期7~8月。

分布于云南西北部、四川西南部和西藏东南部，生于海拔3500～4500m的山林中、灌丛下、草地、河滩、山谷等湿地或岩缝中，是商品松贝、青贝的主流来源种，也是云南、四川等地栽培的主要种源。

图17　顺母（卷叶贝母）

图18　川贝母（卷叶贝母）

2. 暗紫贝母

多年生草本，高15~25cm。鳞茎球形或圆锥形。茎直立，无毛，绿色或暗紫色。叶除最下部为对生外，均为互生或近于对生，无柄；叶片线形或线状披针形，长3.6~6.5cm，宽3~7mm，先端急尖。花单生于茎顶，深紫色，略有黄褐色小方格，有叶状苞片1，花被片6，长2.5~2.7cm，外轮3片近长圆形，宽6~9mm，内轮3片倒卵状长圆形，宽10~13mm，蜜腺窝不明显；雄蕊6，花药近基着，花丝有时密被小乳突；柱头3裂，裂片外展，长0.5~1（1.5）mm。蒴果长圆形，具6棱，棱上有宽约1mm的窄翅。花期6月，果期7月。

分布于四川西南部、青海南部；生于海拔3200~4500m的高山草地、河滩、山谷等湿地或岩缝

图19 暗紫贝母花期

中，是商品松贝、青贝的主流来源种，也是云南、四川、青海等地栽培的主要种源。

3. 甘肃贝母（岷贝）

多年生草本，高20~30（45）cm。鳞茎圆锥形。茎最下部的2片叶通常对生，向上渐为互生；叶线形，长3.5~7.5cm，宽3~4mm，先端通常不卷曲。单花顶生，稀为2花，浅黄色，有黑紫色斑点；叶状苞片1，先端稍卷曲或不卷曲；花被片6，长2~3cm，蜜腺窝不明显；雄蕊6，花丝除顶端外密被乳头状突起；柱头裂片通常很短，长不到1mm，极少达2mm。蒴果棱上具宽约1mm的窄翅。花期6~7月，果期7~8月。

分布于甘肃南部（洮河流域）、青海东部和南部（湟中、民和、囊谦、治多）、四川西部（甘孜、宝兴、天全）；生于海拔2800~4400m的高山草地、河滩、山谷等湿地或岩缝中，是商品松贝、青贝的重要来源种，也是四川、青海等地栽培的重要种源。

图20　甘肃贝母（岷贝）

4.梭砂贝母［炉贝、德氏贝母、阿皮卡（西藏）、雪山贝（云南）］

多年生草本，高20～30（40）cm。鳞茎长卵形。叶互生，较紧密地生于植株中部或上部1/3处，叶片窄，卵形至卵状椭圆形，长2～7cm，宽1～3cm，先端不卷曲。单花顶生，浅黄色，具红褐色斑点；外轮花被片长3.2～4.5cm，宽1.2～1.5cm，内轮花被片比外轮的稍长而宽；雄蕊6；柱头裂片长约1mm。蒴果棱上的翅宽约1mm，花被常包住蒴果。花期6～7月，果期8～9月。

图21　梭砂贝母（1）

图22　梭砂贝母（2）

分布于四川、云南、青海和西藏等省（区）海拔4400～4600m的雪山雪线至高山植被线中间的流砂滩上或碎岩石缝隙中。产于青海玉树，四川甘孜、德格等地，色白、质实、粒匀，称白炉贝；产于昌都、四川巴塘和云南西北部德钦、香格里拉者，多色黄、粒大、质松，称黄炉贝，因具虎皮黄色，亦称虎皮贝，过去集散于打箭炉（今甘孜藏族自治州的康定市），故名炉贝。

5. 太白贝母

多年生草本，高30～50cm。鳞茎直径1～1.5cm，高4～8mm，扁卵圆形或圆锥形。表面白色，较光滑。外层两枚鳞叶近等大，顶端开裂，底部平整。味苦。叶通

常对生，有时中部兼有3~4枚轮生或散生的叶，条形至条状披针形，长5~10cm，宽3~7（12）mm，先端通常不卷曲，有时稍弯曲。花单朵，黄绿色，无方格斑，花被片先端边缘有紫色斑带，苞片不卷曲。蒴果棱上有狭翅。花期5~6月，果期6~7月。

分布于中国陕西（秦岭及其以南地区）、甘肃（东南部）、四川（东北部）和湖北（西北部）。生长于海拔1800~3000m的山坡草丛中或水边。

图23　太白贝母（1）　　　图24　太白贝母（2）

6. 瓦布贝母

多年生草本，高可达2.87m。叶最下面常2枚对生，上面的轮生兼互生；多数叶两侧边不等长，略似镰形，有的呈披针状条形，长7~32.5cm，宽9~20mm，花初开黄

绿色、黄色。内面有或无黑紫色斑点，继后外面出现紫色或橙色浸染。叶状苞1~4。花被片倒卵形至矩圆状倒卵形，长3.5~13.75cm，内轮的主脉近基部内弯成夹角90°的弯折状或弧状。外轮的主脉近基内弯成夹角140°的弧形。蜜腺长5~8mm。雄蕊花丝长于花药，花柱裂片长3mm。蒴果长3~12.5cm，棱上翅宽2mm。花被在子房明显长大时凋落。花期5~6月；果期7~8月。

分布于四川省西北部阿坝州（北川、黑水、茂县、松潘）。生长于海拔2600~4500m处的山坡。由于鳞茎较大，又称"蒜贝"。瓦布贝母由中国著名贝母专家唐心耀（原四川医学院药学系教授）于20世纪60年代初在茂县瓦钵梁子发现并命名，经检测，其药用有效成分与药典收载的川贝母其他品种十分接近。2009年8月，国家药典委员会组织专家专题审查，确定把瓦布贝母作为川贝母的新植物种来源，收载进2010年版《中华人民共和国药典》中，并于四川、青海等地栽培种植。

川贝母是常用的名贵药材之一，需求量较大，长年主要靠上述品种的野生资源支撑市场需求。川贝母主

图25　瓦布贝母

产于西藏（南部至东部）、云南（西北部）、四川（西部）、甘肃（南部）、青海等海拔在3200～4200m的地区，通常生于林中、灌丛下、草地或河滩、山谷等湿地或岩缝中。这些区域海拔高、气候寒冷、缺氧严重、环境严酷，植物生长周期短，不适宜人类长期居住，也为川贝母生态繁衍创造了安静的环境。

二、植物学分类检索

《中华人民共和国药典》收载的几种川贝母植物形态检索如下：

川贝母类植物检索表

1.叶片为狭卵形至卵状椭圆形，稍革质，肥厚，灰白色或微带红色，先端不卷曲。……………………………………梭砂贝母

1.叶片为条形或条状披针形，多绿色或浅绿色

　2.叶片为条形或条状披针形，先端多卷曲或缠绕…卷叶贝母

　2.叶片为条形或条状披针形，先端不卷曲或不缠绕

　　3.先端急尖，不卷曲。花深紫色，黄褐色小方格……暗紫贝母

　　3.先端稍卷曲或不卷曲。花浅黄色，外面有黑紫色斑点…甘肃贝母

　　　4.叶通常对生，有时中部兼有3～4枚轮生或散生的。花黄绿色，无方格斑，花被片先端边缘有紫色斑带……太白贝母

　　　4.叶下部2枚对生，上部轮生兼互生；多数叶两侧边不等长略似镰形，有的披针状条形，花黄绿色、黄色。内面有或无黑紫色斑点，继后外面出现紫色或橙色浸染…瓦布贝母

三、药材性状特征及分类检索

1. 鳞茎由2～3枚互抱肥厚贝状，大小悬殊或相近的鳞片组成

  2. 味微甜，外层两枚鳞片多大小相近，顶端开裂，露出小心芽，表面有黄色斑点·······················梭砂贝母

  2. 味微苦，外层两枚鳞片大小悬殊，卵圆形，顶端钝圆···································太白贝母

  2. 味微甜，鳞茎呈卵圆形或卵圆锥形，直径及高度几乎相等······························川贝母（卷叶贝母）

  2. 味微甜，鳞茎呈卵圆形或卵圆锥形，直径及高度不相等·································暗紫贝母

  2. 味微甜，鳞茎呈卵圆形或卵圆锥形，外层两枚鳞片紧密抱合··································甘肃贝母

第三章　生物学特性

　　川贝母基原植物以野生资源为主，集中分布于四川西北部及云南、青海、甘肃、西藏等交界处，这些区域涵盖了青藏高原、横断山脉、云贵高原等几大地貌区域，地理环境复杂，气候类型独特，具有最适合川贝母基原植物生长的环境，现川贝母的种植繁育虽利用现代科学技术，但还是离不开上述气候环境条件。

一、生长发育习性

　　川贝母为百合科贝母属植物，川贝母基原植物适宜生长于青藏高原、横断山脉、云贵高原等高原海拔在3000m的地理环境和独特气候类型。川贝母喜冷凉气候条件，具有耐寒、喜湿、怕高湿、喜荫蔽的特性。气温达到30℃或地温超过25℃时，植株就会枯萎，同时在海拔低、气温高的地区不能生存。川贝母种子具有后熟特性。播种出苗的第一年，植株纤细，仅一匹叶，叶大如针，称"针叶"。第二年具单叶1～3片，叶面展开，称"飘带叶"。第三年抽茎不开花，称"树兜子"。第四年抽茎开花，花期的花称"灯笼"，果期的果实称为"八卦锤"。如外界条件变化，生长规律即相应变化，

进入"树兜子"。"灯笼花"的植株可能会退回"双飘带""一匹叶"阶段。在完全无荫蔽条件下种植，幼苗易成片晒死；日照过强会促使植株水分蒸发和呼吸作用加强，易导致鳞茎色泽稍偏黄，略瘪缩，加工后易成"油子""黄子"或"软子"。因此，川贝母种植气候环境条件是重要因素，生长过程中，日照荫蔽条件是川贝母能否形成优质产品的关键因素。

二、对土壤及养分的要求

川贝母适宜生长在高山灌丛和高山草甸中，经上百个川贝母群落野生环境观察生态分布、土壤、植物群落与川贝母生长概况及药材品质的相关性分析研究及多年土壤及养分分析研究，认为川贝母适宜生长于土层腐

图26 川贝母种植生长环境

殖质较厚、排水良好、疏松、肥沃的pH值在5.5~7.0的黑褐色壤土或砂壤土的地块；不适宜在黏重土壤的黄泥地、排水不良的低洼地、沼泽地和土层浅的瘦地种植。

三、对气候的要求

植物资源的分布状况是水、光照、温度、地形等众多气候生态因子综合作用的结果。滇西北地区川贝母植株生长环境中的气候生态因子（水、土壤、地形、海拔、光照类型等）作用密切，在植株生长环境的众多生态因子中，起主导作用的生态因子为海拔、降水量、光照类型。川贝母植株生境适宜性与海拔主导生态因子关系密切，海拔在3000m左右才能满足川贝母类植物的生境适宜性要求。4~5月降水量和昼夜温差对川贝母类植株影响较大，特别是5月的倒春寒对植株的生长和花蕾形成影响较大。由此，海拔和特定月份的降水量等生态因子与川贝母基原植物资源的生长发育及种子的形成关系密切，海拔的高低决定了种植生产区域的寒凉环境，满足川贝母类植物生命周期的生长发育要求。在4~5月地温回升、植株萌动生长后要适当增加种植地块水分，调整植株生长期的荫蔽度也直接关系到植株的苗壮生长，也决定了川贝母商品的产量与效益。

第四章 栽培管理

一、繁育方式

在川贝母生长的最适宜区和适宜区内进行育苗，地块必须符合种植繁育用地规划，一般以台地、平地为好；避免选择地势低凹、容易积水的地块。位置要选择离种植基地比较近，交通、水源方便，但距离主要公路应在100m以上的地块，便于管理。一般选择生长4年以上、生长良好、品种优势突出、无病虫害的健壮植株。用鳞茎作种源时，在采收鳞茎时要进行复选，选留符合川贝母品种特征特性、无病虫害的健壮饱满新鲜鳞茎作为种源。用针阔叶混交林或阔叶林下山基土、生土、纯羊粪适量（按比

图27 川贝母鳞茎移植种源

例确定数量并混合均匀），晒干后粉碎，再过筛备用。
川贝母育苗一般采用塑料大棚内塑料营养盘育苗或起墒
垅方式育苗。将处理好的种子均匀地撒播在营养盘或墒
垅表面土层上，每盘用种子500～1000粒，或每平方米用
种子1000～2000粒，其后在盘面或墒垅上再覆盖一层营
养土，浇足底水，注意控制大棚温湿情况，适时通风，
选择早晚浇水。苗床管理的重点是温度和水分管理，一
般棚内温度要控制在20℃以下，湿度40%～50%，注意
预防病害和虫害的发生。一般播种后第二年4月初长出
针线叶，到第二年具单叶1～3片，叶面展开，称"飘带
叶"，9～10月移植。

图28　川贝母果夹与种子

二、选地、整地

1. 选地

选择土层深厚、排水良好、疏松肥沃、腐殖质较厚、pH值在5.5~7.0的黑褐色壤土或砂壤土；不适宜在黏重土壤的黄泥地，排水不良的低洼地、沼泽地和土层浅的瘦地种植。一般以台地、缓坡地为垡；避免选择坡度小于20°、地势低、容易积水的地块。

2. 整地

生荒地要三犁三耙，使残留的有机体在川贝母种植前完全腐烂，以防止有机体发酵过程中产生的热量对播种或移栽的川贝母种子或种苗造成烧种。第一次翻犁为头年10月中下旬开始，采用牛犁或机耕，深度为30cm以上。进行晒垡，将翻犁出的土垡充分暴晒在阳光下，以杀死部分杂草和病原菌，晒垡时间为20~30d。晒垡结束后，第一次耙地，采用旋耕机或耕牛进行耙地，使土垡充分破碎，拣出杂草、树根、石块。第一次耙地后30d左右，第二次翻犁，当有新杂草出苗时，采用机耕或牛耕翻犁，深度在30cm以上，并拣出杂草、树根、石块等杂物。进行第二次晒垡及耙地，采用旋耕机或耕牛进行耙地，使土垡充分破碎，并拣出杂草、树根、石块等杂物。第三次翻犁时间为4月中下旬，深度为30cm以上，接着进行第三次耙地，要求精细操作，反复交叉耙地碎土，直至土壤完全细碎为止，要求把土壤耙深、耙

细、耙透，平整土地，并进一步拣出杂草、树根、石块等杂物。

熟地的整地时间一般在3月初开始，熟地采取两犁两耙，技术要求同生荒地的翻犁和耙地一致。

三、移栽种植

起垄的时间一般为9月底、10月初，川贝母移植前进行起垄。在起垄前要清理杂物，将地面的枝叶、杂草、根须、残茬等杂物清理干净。拉线开沟，距田块边15cm处用绳索沿田块一边顺坡拉直线，并以此线为沟心开沟，沟心（直线）即心线。施肥翻挖，在开好的垄沟内施入足量的腐熟农家肥，翻挖，使肥料与垄沟内土壤充分混合。要求起垄时，应结合土壤消毒处理同时进行。注意排水沟必须平直且有坡度，应达到雨停水干、行走方便、便于农事操作的要求。覆土起垄，施好肥料后将垄沟两边土以沟心为中线培起来覆盖在垄沟

图29　川贝母种植理墒

内，并按规格起成高垄。起好垄后，立即整理垄面。一般采用钉耙进行整理，要求将垄面的石块、杂草、根须等杂物清除干净；形成垄面规格宽100～120cm，长度根据地块长度酌定，一般上百米要留出腰沟，腰沟宽度可到30～40cm，作为主行道或主排水沟。垄高根据坡度的大小可在30～35m、沟宽在20～25cm。移栽定植，按照每亩（土地面积单位，1亩≈666.67m²，全书特此说明）定植60000～80000株川贝母种苗，株行距在5～8cm。在种植20～30d时，进行第一次除草，之后进入冬季就不用除草了。冬季要适当覆盖一些杂物，如干松毛等，可保护川贝母种苗越冬。

图30　川贝母移植布种

四、田间管理

川贝母种植基地田间管理主要有补苗、除草、追肥等工作程序。

当川贝母移栽成活后，要及时对缺苗和死苗进行补苗移栽；由于川贝母每年生长周期只有90~120d，在4月底出苗后

图31　种子繁育一年期（针叶）

图32　种子繁育二年期（飘带叶）

要及时检查并补苗，确保全苗生长，这是决定产量和收入的关键因素。

除草是川贝母移栽后田间管理的重要环节，也是决定产量和收入的决定因素。田间杂草与川贝母争夺阳光、水分、养分等，有些杂草甚至是川贝母某些病害或虫害的中间寄主。

图33　种子繁育三年期
（移栽第一年飘带叶）

因此，在川贝母生长期间，应结合田间管理清除杂草，以确保川贝母获得最好的生长条件及减轻各种病虫害的发生。

在川贝母年生长周期内，一般每年要除草5～6次，要做到田间有草必除，无杂草生长。特别是移植第一年的地块，4～5月除草时，因川贝母苗细小，必须手工除草，要特别小心，既要除干净草又不能伤及幼苗植株和根系。结合川贝母田间种植密度大的特点，川贝母种植基地田间除草只能采用人工拔除，最重要的是要及时拔除，做到田间有草必除，干干净净。川贝母为药用草本植物，与禾本科植物幼苗很相似，作业前必须进行操作培训，以保证除草质量，确保川贝母植株能健壮生长。注意，在川贝母种植基地严禁使用化学除草剂或化学除草法进行除草。

图34 种子繁育四年期（移栽第二年灯笼花）

追肥的时间和次数是确保川贝母生长与收成的重要环节，川贝母苗移栽成活后，第二年4月出苗，每隔15～20d浇施一次，连浇2～3次。用无害化处理牲畜粪水或充分腐熟的油枯水（油枯泡水沤制1个月以上后兑水稀释）。

图35 种子繁育五年期
（移栽第三年灯笼花）

Chuanbeimu
川贝母

第五章　农药使用及病虫害防治

一、农药使用准则

　　川贝母生产应从高海拔寒温带整个生态系统出发，综合运用各种防治措施，创造不利于病虫害滋生而有利于各类天敌繁衍的环境条件，保持整个生态系统的平衡和生物多样性，减少各类病虫害所造成的损失。优先采用农业措施，通过认真选地整地、培育壮苗、非化学药剂种子处理、加强栽培管理、中耕除草、深翻晒土、清洁田园、轮作倒茬等一系列措施起到防治病虫害的作用。特殊情况下必须使用农药时，应严格遵守以下准则：

　　（1）允许使用植物源农药、动物源农药、微生物源农药和矿物源农药中的硫制剂、铜制剂。

　　（2）严格禁止使用剧毒、高毒、高残留或者具有三致（致癌、致畸、致突变）的农药。

　　（3）允许有限度地使用部分有机合成化学农药。

　　① 应尽量选用低毒、低残留农药。如需使用农药新种类，须取得专门机构同意后方可使用。

　　② 每种有机合成农药在一年内最多允许使用1～2次。

③最后一次施药距采挖间隔天数不得少于30～50d。

④提倡交替使用有机合成化学农药。

⑤在川贝母种植区禁止使用化学除草剂。

二、肥料使用准则

尽量选用规定允许使用的肥料种类，允许有限度地施用商品有机肥，但禁止使用复合肥，氮、钾肥，尿素和微肥等化学肥料。必须与农家肥配合作基肥施用时，商品有机肥结合充分腐熟的农家肥作追肥施用。禁止使用城市生活垃圾。无论采用何种有机肥（包括厩肥、畜禽粪尿、山基土等），都必须高温发酵，以杀灭各种寄生虫卵、病原菌和杂草种子，去除有害有机酸和有害气体，使之达到无害化卫生标准。农家肥原则上就地生产，就地使用。外来农家肥应确认符合要求后才能使用。商品肥料及新型肥料必须通过国家有关部门的登记认证及生产许可。

因施肥造成土壤、水源污染或影响川贝母生长，或可能让产品达不到标准时，要停止使用。

允许使用的肥料种类如下：

1. 农家肥

指自行就地取材、积制、就地使用的含有大量生物物质、动植物残体、排泄物、生物废物等物质的各种有机肥料。

（1）堆肥：以各种秸秆、落叶、山青、潮草、人畜

禽粪便为原料，混合堆积而成的一种有机肥料。

（2）沤肥：所用物料与堆肥基本相同，只是在淹水条件下（嫌气性）进行发酵而成。

（3）厩肥：指猪羊、鸡鸭鹅等畜禽粪尿与秸秆、落叶等垫料堆制成的肥料。

（4）饼肥：菜籽饼、豆饼、芝麻饼、花生饼、蓖麻饼、茶籽饼等。

（5）泥肥：未经污染的河泥、塘泥、沟泥、港泥、湖泥等。

2. 商品有机肥料

按国家法规规定、受国家相关部门管理，以商品形式出售的有机肥料。

（1）商品有机肥：是指以大量生物物质、动植物残体、排泄物、生物废料等为原料加工制成的商品肥料。

（2）无机（矿质）肥料：矿质经物理或化学工业方式制成，养分呈无机盐形式的肥料。

3. 农家肥制备的过程

（1）将猪、牛、马、羊、鸡、鸭、鹅等畜禽粪尿（以羊粪尿最佳）按每3000kg加入钙镁磷肥或普钙50kg、钾肥20kg的比例充分混匀，与落叶（山青类）等，一样一层堆起来并浇足水，覆盖农膜堆沤1个月以上，充分腐熟后备用。

（2）将油枯粉碎后用水充分淋湿，用农膜盖严堆沤1个月以上，充分腐熟后备用。

（3）将油枯粉碎后，按油枯和清水1：20的比例浸泡沤制1个月以上，充分腐熟后备用。

禁止使用城市垃圾、工业垃圾和医院垃圾制备农家肥。

三、病虫害防治

川贝母病虫害防治必须遵循"预防为主，综合防治"的原则。所谓综合防治，就是从农业生态学的总体观念出发，以预防为主，本着安全、有效、经济、简便的原则，有机地、协调地使用农业、生物和物理机械以及其他有效的防治手段，把病虫的发生数量控制在经济阈值以下，达到高产、优质、低成本和无公害的目的。

1. 川贝母主要病虫害防治措施的制定依据

（1）病原或害虫的种类及其生物学特性对川贝母上发生的各种病害或虫害应对其进行病原物或害虫种类及其分类地位的鉴定及确定，进一步对其生物学特性进行研究，掌握川贝母各种病虫害的病原或害虫的种类、分类地位及其主要的生物学特性。

（2）病虫害的发生发展规律：病虫害发生与流行与否主要取决于病虫源种类、寄主及环境条件三大要素（病害三角关系），根据川贝母各种病虫害的发生发展规律制定相应的综合防治措施。

2. 病虫害防治方法及其主要措施

病虫害的防治方法按其性质不同可分为：植物检

疫、农业防治、物理机械防治和生物防治。

（1）植物检疫：根据国家颁布的法令，设立专门机构，对国外输入或国内输出以及在国内各地区之间调运种子、菌木及农产品等进行检疫，禁止或限制危险性病虫、杂草的传入或输出；或者在传入以后限制其传播，消灭其危害。这是贯彻以预防为主，保障农业生产不断发展的一项重要措施。

（2）农业防治：综合运用农业技术措施，有目的地改变某些环境因素，创造有利于植物、有益于生物生长发育，不利于病虫害发生的条件，直接或间接地消灭或控制病虫害的发生和危害，保证农作物丰产的方法。它也是贯彻"预防为主，综合防治"的根本措施。该防治方法主要包括以下具体措施：

选用抗病虫品种，建立无病虫种子种苗基地（减少病、虫源数量）。合理施肥，合理密植，加强田间管理，提高防治效能，该项措施包括适时播种育苗、适时移栽，适时中耕，勤除杂草，适时间苗、定苗、补苗、拔除弱苗和病虫株，适时追肥，合理排灌，适时采收等。

（3）物理机械防治：利用各种物理因素和机械设备来防治病虫害的方法。如人工捕杀、灯光诱杀、毒饵诱杀、日光晒种等。

（4）生物防治：利用有益生物或生物的代谢产物来防治病虫害的方法，该防治方法主要包括以下具体措施：

① 利用天敌昆虫防治害虫。常见的天敌昆虫主要有：瓢虫、草蛉、食蚜蝇、食虫虻等。

② 利用病原微生物防治病虫害：用于防治害虫的苏云金杆菌类、乳状芽孢杆菌、白僵菌、核型多角体病毒等微生物杀虫剂；用于防治病害的、各种从病原微生物代谢产物中提取的抗生素。

③ 利用其他有益动物防治害虫。常见的有蜘蛛、蛙类、鸟类等。

④ 利用昆虫激素防治害虫。

（5）川贝母病虫害防治措施：遵循"预防为主，综合防治"的植保方针，本着安全、有效、经济、简便的原则，有机地将农业的、生物的和物理机械的防治措施以及其他有效的生态学防治手段综合地结合起来，把病虫的发生数量控制在经济阈值以下，以达到高产、优质、低成本和无公害的目的。严禁使用化学防治措施进行病虫害防治。

第六章　采收及加工

一、采收

川贝母是指种植的川贝母根部通过采挖、挑选、清除泥土杂质、干燥之后所形成的川贝母干燥鳞茎。

1. 采收时间

川贝母五年生为大种（榛子粒大小），四年生为中种（玉米粒大小）。种子繁育栽种的一般3～4年可收，多加工为松贝母；种子繁育（高粱大小）移栽种植的4～5年采挖，可加工为青贝母或松贝母；用种子繁殖的，需生长5～6年才可采挖，分瓣栽种视鳞瓣的大小，一般栽种2～3年可收获。判断可以采收的经验做法是：观察到地上部分有20%左右的植株开花结果，即可收获，这样加工出来的川贝母外观品质较好。一般在5月下旬至6月中旬，地上植株已开始枯萎，但未完全枯萎时采挖为佳。

2. 采收方法

首先，将川贝母墒面清理干净，然后从墒的一端用平锹沿墒土层将土翻覆到作业道上，露出新鲜贝母鳞茎，拣出鳞茎，并按鳞茎的大小分级加工。

3. 注意事项

（1）在川贝母采挖时必须做详细记录，记录项目包括川贝母产地、基地编号、采挖时间和数量、采挖操作人员等，记录材料随新鲜川贝母鳞茎进入初加工场地后进行归档。

（2）采收器具（包括刀具、竹器、麻袋等）必须保持清洁经清洗无污染，存放在无虫、鼠害，也没有畜禽的干燥处。

（3）采收过程中，先去除非药用或不可食用部分及异物、杂草、有毒物质，并剜除破损、腐烂及变质的部分。

（4）采挖时应尽量避免损伤到川贝母的鳞茎。受损严重的或腐烂、变质的鳞茎，应另行放置。

二、初加工

1. 加工工艺流程

川贝母新鲜鳞茎→清洗→切根→分选→切片→晾晒（烘干）→商品川贝母。

（1）清洗：

采挖回来的川贝母新鲜鳞茎要用清水清洗干净，并清除杂物、杂草、腐烂变质部分等。

（2）切根：

将清洗干净的川贝母新鲜鳞茎用刀具切去芦头和须根。

（3）分选：

将清洗切根处理后的川贝母新鲜鳞茎按大小、颜色分别堆放，分别进行下一步的加工。

（4）干燥：

川贝母切片后采用在日光下晾晒或用烤房（烤箱）在50～60℃条件下烘烤，干燥至含水量在14%以下。

2. 干燥加工方法

采挖回来的川贝母新鲜鳞茎经清洗、切根、分选后，要及时加工干燥。常用的干燥方法有：

（1）炕干法

炕干法是产区常用的传统方法，简单易行、经济实用，适用于量少的加工。

（2）晒干法

选择晴天，将新鲜鳞茎放在席帘上，摊成一薄层于阳光下晒，一般5～6d即可晒干。

（3）烘干室干燥法

与上述两种干燥方法相比，此干燥法需要专门的设施，前期投资大，但能保证药材商品的质量，适合药材种植基地或种植企业大量加工使用。烘干室的使用面积以30～50m²为宜。

3. 加工场地

加工场地应清洁、通风、交通方便，具备遮阴、防雨、防鼠、防畜禽等条件。

三、质量规格

据国家中医药管理局、中华人民共和国卫健委制定的《中药材商品规格等级标准》，川贝母商品统货不分等级。商品质量要求为：干货，呈扁平圆形，表面白色或黄白色，细腻、光滑、顶端闭口或开口，质坚实；断面白色，味苦，微酸。大小粒不分，间有黑脐、碎贝、油贝、焦粒，无全黑枯贝、杂质、虫蛀、霉变。

1. 商品规格

有松贝、青贝、炉贝三种川贝商品，主要性状区别如下：

（1）松贝：类圆锥或近球形，外层鳞叶2瓣，大小悬殊，大瓣紧抱小瓣，未抱部分呈新月形，习称"怀中抱月"，顶部闭合。植物来源于川贝母（卷叶贝母）、暗紫贝母、甘肃贝母等。

（2）青贝：扁球形，外层鳞叶2瓣，大小相近，顶部开裂。植物来源于川贝母（卷叶贝母）、暗紫贝母、甘肃贝母等。

（3）炉贝：长圆锥形，常具棕色斑块，习称"虎皮斑"，外层鳞叶2瓣，大小相近，顶部开裂而略尖。植物来源于梭砂贝母，是目前尚未人工种植繁育成功的品种。

2. 质量检测

将经过分级的川贝母分别盛装在周转箱中，注明批

号，取样进行送检。

3. 分类

根据检测结果将产品分为合格品、不合格品，标明批号及状态。

4. 包装

用洁净的防潮编织袋进行定额包装，包装物应洁净、干燥、无污染，包装物材料应符合国家有关卫生要求，并注明采收日期、加工日期、批号、生产者、生产地址等。

四、包装、贮藏、运输

1. 包装

（1）包装要求：川贝母是珍稀名贵中药材，包装前要充分做好准备工作。

检查操作室（场地）是否清洁合格，准备好待使用的工具，核对包装指令，领取包装材料、待包品。遵循规格等级要求、按规格等级分别包装，严禁混级包装。

（2）包装材料要求：编织袋必须用防潮编织袋，应无破损、漏洞，清洁干燥，无污染，包装物材料符合国家有关卫生要求。不能用回收袋。

（3）包装：用包装袋按包装指令把待包装品进行装袋，并用封口机或人工进行封口。

（4）内外包装标识：内外包装均应标明品名、标识、产地、规格、等级、净重、企业名称、包装人员和

地址、生产日期及批号等。

（5）工作标记：操作结束后，做好操作室（场地）的清场、清洁工作及相关记录。

在包装不同的待包装品时，应进行彻底清场。

2. 贮藏

川贝母是珍稀名贵中药材，采用密封的塑料袋材料贮藏，能有效地控制其在安全水分（＜18%）以内。针对川贝母商品易变色和易吸潮的特点，将用密封塑料袋装好的药材放入密封木箱或铁桶内，量较大时要放入阴凉冷库内存放。一个月1次定时检查外观情况，及时发现吸潮、变色、霉变、鼠害、虫害等损伤。

3. 运输

川贝母的运输应遵循及时、准确、安全、经济的原则。先将固定的运输工具清洗干净，再将包装完好的成件川贝母商品放上车堆码整齐并遮盖严密，安全及时运往目的地。外包装及运输工具不得雨淋、日晒、长时间滞留在外；不得有与其他有毒、有害物质混装，以免川贝母受到污染。

第七章 应用价值

一、药用价值

川贝母性味苦、甘、凉，入肺经。具有清热润肺、止咳化痰、平喘、润肺的功效。用于热症咳嗽，如风热咳嗽、燥热咳嗽、肺火咳嗽；但若是寒性咳嗽，服用川贝粉就如"雪上加霜"，很不适宜。用于镇咳、祛痰、肺虚、久咳、虚劳咳嗽、燥热咳嗽、干咳少痰、咳痰带血、肺痈、瘰疬、痈肿、乳痈。现代研究证实，川贝母有降压作用，还有一定的抗菌作用。

川贝母不仅有化痰止咳的功效，而且止咳效果好，药性也平和，故配伍在很多止咳的中成药中用于治疗各种类型的咳嗽，但由于组方和用量不同，使用起来也有所区别。以"川贝"命名的药有很多，较为常见的如"川贝止咳糖浆""川贝枇杷糖浆""牛黄蛇胆川贝液""蛇胆川贝液""治咳川贝枇杷露""蜜炼川贝枇杷膏"等，大多用于热证咳嗽，如风热咳嗽、燥热咳嗽、肺火咳嗽；又兼甘味，故善润肺止咳，治疗肺有燥热之咳嗽、痰少而黏之证及阴虚燥咳劳嗽等虚证；还有散结开郁之功，治疗痰热互结所致的胸闷心烦之证及瘰

瘰疬痰核等病。

区分热证咳嗽还是寒证咳嗽，简单的辨证方法是看痰的颜色和稀稠，热证咳嗽的共同特点是痰稠色黄，而痰稀色白的寒证咳嗽和虚证咳嗽则不适宜用川贝母，否则的话咳嗽症状不但不会好转，甚至会雪上加霜，加重病情。燥热所引起的咳嗽表现为口干，痰少稠黏，色黄、咽痛或伴有发热、头痛等症状，选用川贝粉确有良效。如果口淡不渴，咽痒，以晚间咳嗽为主，痰稀白者，切忌使用川贝母，应及时请医师诊治。

川贝母是中医饮片配方常用的重要原料，有着悠久的药用历史，自古以来凭着神奇的疗效，一直被广泛传承和使用着。历代经典药方都有川贝母的影子：

（1）治肺热咳嗽多痰，咽喉中干：贝母（去心）75g，甘草（炙）1.5g，杏仁（汤浸去皮、尖，炒）75g。上三味，捣罗为末，炼蜜丸如弹子大。含化咽津。（《圣济总录》贝母丸）

（2）治伤风暴得咳嗽：贝母（安心）三分（1分=3g，全书同），款冬花、麻黄（去根节）、杏仁（汤浸，去皮、尖、双仁，炒研）各50g，甘草（炙，锉）1.5g。上五味，粗捣筛，每服15g，水一盏，生姜三片，煎至七分，去滓温服，不拘时。（《圣济总录》贝母汤）

（3）治伤寒后暴嗽、喘急；欲成肺痿、劳嗽：贝母一两（一两≈50g，全书同）半（煨令微黄）。桔梗一两（去芦头），甘草一两（炙微赤，锉），紫菀一两（洗

去苗土），杏仁半两（汤浸，去皮、尖、双仁，麸炒微黄）。上药捣罗为末，炼蜜丸如梧桐子大。每服不计时候，以粥饮下二十丸；如弹子大，绵裹一丸，含咽亦佳。（《圣惠力》贝母丸）

（4）治小儿咳嗽喘闷：贝母（去心，麸炒）半两，甘草（炙）一分。上二味捣罗为散，如两三岁儿，每一钱匕，水七分，煎至四分，去滓，入牛黄末少许，食后温分二服，更量儿大小加减。（《圣济总录》贝母散）

（5）治百日咳：川贝母五钱（一钱=5g，全书同），葶苈子、黄郁金、桑白皮、白前、马兜铃各五分。共轧为极细末，备用。1.5～3岁，每次二分；4～7岁，每次五分；8～10岁，每次七分，均一日三次，温水调冲，小儿酌加白糖或蜜糖亦可。（《江苏中医》）

（6）治吐血衄血，或发或止，皆心藏积热所致：贝母一两（炮令黄）。捣细罗为散，不计时候，以温浆调下二钱。（《圣惠方》）

（7）化痰降气，止咳解郁，消食除胀：贝母（去心）一两，姜制厚朴半两。蜜丸梧子大，每白汤下五十丸。（《卫生杂兴》）

（8）治喉痹肿胀：贝母、桔梗、甘草、山豆根、荆芥、薄荷，煎汤服。（《本草切要》）。

二、应用价值

川贝母性凉，甘平。入肺经、胃经。

具有润肺止咳，清热化痰平喘的功效，历代医家和民间传统就有许多食药验方。例如：

（1）梨（水果）切片，川贝砸成粉末，把梨片放在水里然后倒入川贝一起煮，煮30~40min，把梨和汤一起喝了，最好加点冰糖或者蜂蜜（因为冰糖是凉性的，蜂蜜本来就有润肺的作用），润肺止咳效果非常好。

（2）用红梨，把红梨的顶、核去掉，把川贝放进梨核的位置再盖上梨肉盖，配白茅根30g，陈皮15g一起炖煮，等梨炖好了把梨和川贝一起吃掉，把药汁一起喝了，是止咳化痰的良方。

（3）川贝取粉直接白开水送服，用于燥热所引起的咳嗽，表现为口干、痰少稠黏、色黄、咽痛等症。

（4）用于慢性支气管炎、支气管哮喘。可以在发作之前把川贝、蛤蚧、西洋参打粉装成胶囊预防备用，发作时吞服效果不错。

（5）用苹果，去掉苹果顶部，再把苹果核挖掉，然后放入川贝和冰糖，再放到水中煮熟，熟后一起食用，是润肺化痰止咳的良方。

川贝母是中药产业的重要、稀缺原料药材资源，云南是优质川贝母的传统产区。经过多年的努力，已经开发和培育出种植生产周期短、种植繁育稳定、生长健

硕、品质优良、产量较高、有效成分含量高的川贝母优势品种，解决资源供需不平衡问题指日可待，同时也为广大农民提供了经济、生态、性价比多赢的产业模式，在增加农民收入的同时提高了林业生态资源的保护管理能力。

云南的自然资源非常丰富，特别是高海拔区域优势明显，将这些资源合理化、科学化和产业化利用，将成为高海拔山区提高少数民族群众收入的一个经济增长点。滇西北特殊的高海拔和气候条件是川贝母、珠子参等珍贵药材的天然优良产地。同时，在保持高海拔生物多样性原生态（零破坏）的前提下实施珍稀名贵药材的产业化种植发展，对滇西北高海拔温凉区域的生物多样性与生态环境保护起到积极的促进作用，减少对原产地珍稀野生资源的索取，增加山区群众的经济收入，形成生态效益、社会效益和经济效益共赢的局面。